普通高校"十二五"规划教材

现代工程制图习题集

主　编　林悦香　潘志国
副主编　苏文海　杜宏伟　刘艳芬　庄振春

北京航空航天大学出版社

内 容 简 介

本习题集与林悦香等主编的《现代工程制图》(书号:978-7-5124-0757-2)配套使用。

本习题集主要包括制图的基本知识和基本技能训练,点、直线和平面的投影练习,基本立体、截切体和相交体的投影练习,组合体的画图与读图练习,轴测投影图练习,机件的图样画法练习,标准件和常用件规定画法和标记方法练习,零件图和装配图的画图与读图练习,计算机绘图练习等。题量及难易程度经过仔细斟酌,体现了基础性、实践性和创新性。

本习题集适用于高等院校近机械类和非机械类各本科专业的教学,也可作为工程技术人员的培训用书。

本习题配有全部答案供任课老师参考,有需要者请发邮件至 goodtextbook@126.com 或致电 010-82317037 申请索取。

图书在版编目(CIP)数据

现代工程制图习题集 / 林悦香,潘志国主编. --北京:北京航空航天大学出版社,2012.8
　ISBN 978-7-5124-0747-3

Ⅰ. ①现…　Ⅱ. ①林… ②潘…　Ⅲ. ①工程制图—高等学校—习题集　Ⅳ. ①TB23-44

中国版本图书馆 CIP 数据核字(2012)第 041065 号

版权所有,侵权必究。

现代工程制图习题集

主　编　林悦香　潘志国
副主编　苏文海　杜宏伟　刘艳芬　庄振春
责任编辑　董　瑞

*

北京航空航天大学出版社出版发行

北京市海淀区学院路 37 号(邮编 100191)　http://www.buaapress.com.cn
发行部电话:(010)82317024　传真:(010)82328026
读者信箱:goodtextbook@126.com　邮购电话:(010)82316936
涿州市新华印刷有限公司印装　各地书店经销

*

开本:787×1092　1/16　印张:7.75　字数:104 千字
2012 年 8 月第 1 版　2012 年 8 月第 1 次印刷　印数:3 000 册
ISBN 978-7-5124-0747-3　定价:16.00 元

若本书有倒页、脱页、缺页等印装质量问题,请与本社发行部联系调换。联系电话:(010)82317024

前 言

本习题集根据国家教育部工程图学教学指导委员会审定的"普通高等院校工程图学课程教学基本要求"编写而成,与林悦香等主编的《现代工程制图》(书号:978-7-5124-0757-2)配套使用,适用于高等院校近机械类和非机械类各专业本科学生。考虑到这些专业的特点及学时相对较少的实际情况,本习题集以强基础、重实用为编写宗旨,主要有以下特点:

(1) 内容安排注重基础性、实践性和创新性。既注重基础理论的掌握,又强调实践技能和创新能力的培养。图例典型,习题难度适宜。

(2) 严格执行最新国家标准。国家最新颁布的技术制图、机械制图、计算机绘图有关国家标准体现在本书的相关内容中。

(3) 习题集的编排顺序与教材一致,各章习题以基础为主,辅以适量的综合题。读、画结合,由浅入深,循序渐进。

(4) 计算机绘图部分,由平面图简单练习到零件图绘制及尺寸、技术要求标注等综合练习,让学生掌握先进的现代绘图技能。

参加本习题集编写的单位有青岛农业大学、东北农业大学、青岛农业大学海都学院。由林悦香、潘志国担任主编,苏文海、杜宏伟、刘艳芬、庄振春担任副主编。编写分工如下:林悦香编写第1章及第7章;潘志国编写第4章、第5章和第9章;苏文海编写第10章;刘艳芬编写第6章;杜宏伟编写第8章;庄振春编写第2章和第3章。

在本习题集的编写过程中,参考了大量同类资料,在此对所参考资料的作者表示感谢。另外,所有参编人员在编写过程中都付出了大量心血,也得到了许多朋友的支持,在此一并致谢。

由于编者水平有限,书中的不足之处欢迎广大读者提出宝贵意见,以便修订时调整与改进。

编 者

2011 年 11 月

目 录

第 1 章　制图的基本知识和基本技能 ……………… 1

    1.1　字体练习 …………………………………… 1

    1.2　线型训练练习 ……………………………… 2

    1.3　在下列图形上标注尺寸（在图上量取并取整数）…… 3

    1.4　几何作图练习 ……………………………… 4

    1.5　圆弧连接 …………………………………… 5

    1.6　综合练习 …………………………………… 6

第 2 章　点、直线和平面的投影 ………………………… 7

    2.1　点的投影 …………………………………… 7

    2.2　直线的投影 ………………………………… 9

    2.3　平面的投影 ………………………………… 10

第 3 章　立体的投影 …………………………………… 12

    3.1　完成下列截断体的三面投影 ……………… 12

    3.2　求相贯线的投影 …………………………… 14

第 4 章　组合体的视图 ………………………………… 15

    4.1　由轴测图画三视图 ………………………… 15

    4.2　已知组合体的两视图，画第三视图 ……… 16

    4.3　已知组合体的俯视图，想象该组合体的形状，并画出其余两视图 …………………………… 17

    4.4　已知组合体的两视图，在图上按 1∶1 比例测量尺寸并取整标注 …………………………… 18

    4.5　组合体的尺寸标注，在图上按 1∶1 比例量取尺寸并取整数标注 …………………………… 19

    4.6　根据形状的变化，补全视图中所缺的线 … 21

第 5 章　轴测投影图 …………………………………… 22

    5.1　根据组合体视图，在空白处画出其正等轴测图 …… 22

    5.2　根据组合体视图，在空白处画出其斜二轴测图 …… 24

第 6 章　机件的图样画法 ……………………………… 26

    6.1　基本视图 …………………………………… 26

    6.2　局部视图和斜视图 ………………………… 27

    6.3　剖视图 ……………………………………… 28

    6.4　移出断面图 ………………………………… 33

    6.5　重合断面图和规定画法 …………………… 34

第 7 章 标准件与常用件 ·········· 35

7.1 螺纹画法 ·········· 35

7.2 判断螺纹画法的正误 ·········· 36

7.3 螺纹标记 ·········· 37

7.4 根据所给图形及尺寸,查表给出螺纹紧固件标记 ·········· 38

7.5 螺纹紧固件连接的画法(大作业) ·········· 39

7.6 键、销、轴承 ·········· 41

7.7 弹簧、齿轮画法 ·········· 43

第 8 章 零件图 ·········· 44

8.1 画零件图 ·········· 44

8.2 零件图的技术要求 ·········· 46

8.3 读零件图 ·········· 47

第 9 章 装配图 ·········· 51

9.1 根据千斤顶的零件图,绘制其装配图 ·········· 51

9.2 读装配图,回答问题并拆画零件图 ·········· 54

第 10 章 计算机绘图基础 ·········· 56

10.1 基本绘图及编辑命令操作 ·········· 56

10.2 绘图及编辑命令综合应用 ·········· 57

10.3 绘制专业图样及尺寸标注综合练习 ·········· 58

第1章　制图的基本知识和基本技能

班级　　　姓名　　　学号

1.1 字体练习

1. 汉字练习（用HB铅笔按照字例书写长仿宋体）。

写长仿宋字要做到字体端正笔

画清楚排列整齐间隔均匀标准

横平竖直注意起落机械设计校核壳体和端盖

2. 数字和字母练习。

ABCDEFGHIJKLMNOPQRSTUVWXYZ

abcdefghijklmnopqistuvwxyz

0123456789

1.2 线型训练练习

1. 在指定位置，仿照示例画出各种图线。

2. 在指定位置按1:1的比例画出下列图形。

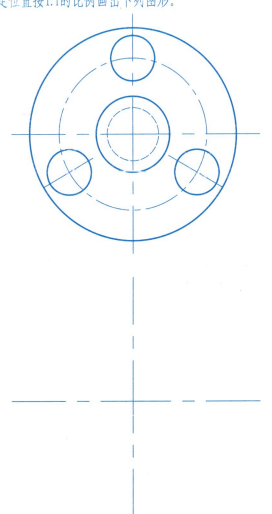

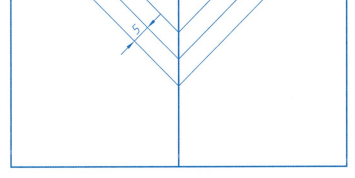

1.3 在下列图形上标注尺寸（在图上量取并取整数）

1. 在已有尺寸线上标注箭头和数字。

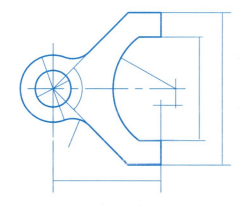

2. 标注带有相同结构的图形尺寸。

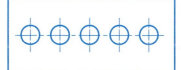

3. 在对称图形上标注尺寸。

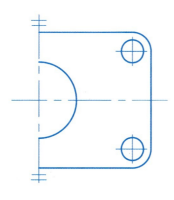

4. 在下列图形上标注尺寸。

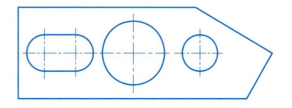

1.4 几何作图练习

1. 用作图法分别作圆的内接正五边形、正六边形。

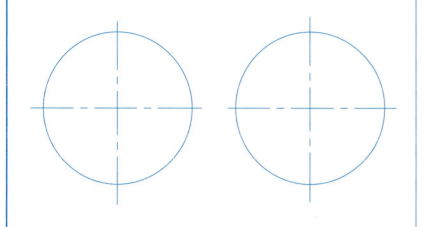

2. 按小图尺寸并以1:1比例抄画下面带有斜度的图形。

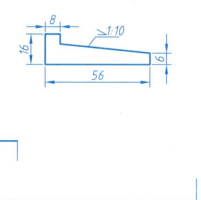

3. 在指定位置按1:1比例抄画带锥度的图形。

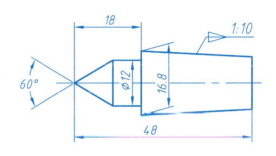

1.5 圆弧连接

1. 按1:1比例在指定位置抄画下图。

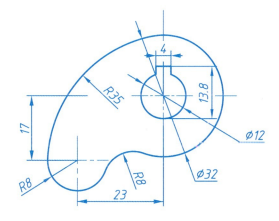

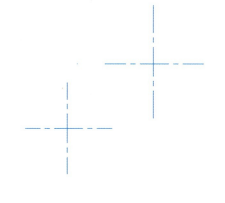

2. 按1:1比例抄画下图。

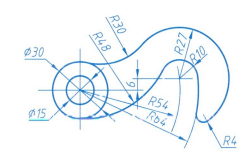

班级　　　　姓名　　　　学号

1.6 综合练习

一、作业内容
　　抄画右图所示平面图形，并标注尺寸。

二、作业目的
　1. 熟识有关图幅、图线、字体和尺寸标注的制图标准。
　2. 学习正确使用尺规绘图工具。
　3. 学会平面图形的尺寸分析及圆弧连接方法。
　4. 培养严肃认真、一丝不苟的作风。

三、作业提示
　　图幅：　选用A4图纸，竖放，画出图框、标题栏。
　　图名：　圆弧连接
　　图号：　01
　　比例：　1:1
　1. 根据图形大小布图，画基准线。
　2. 分析图形，先画已知线段，再画中间线段，最后画连接线段。要准确标出圆心和切点，以便描深时用。
　3. 完成底稿后，仔细检查再按顺序描深。

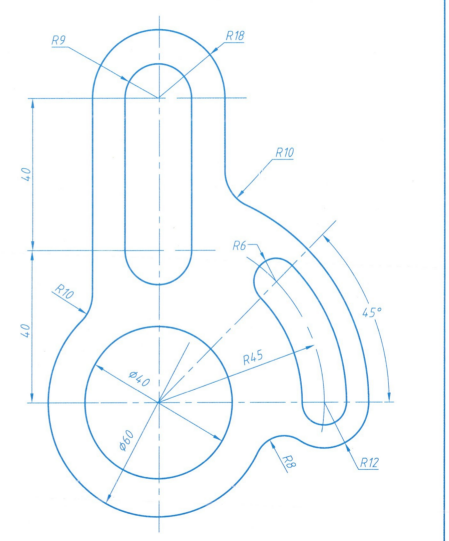

第2章 点、直线和平面的投影   班级   姓名   学号

2.1 点的投影

1. 根据点的直观图，作点的三面投影。

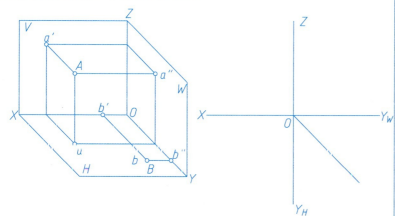

2. 已知 A、B、C 各点对投影面的距离，作各点的三面投影。

	距H面	距V面	距W面
A	20	10	15
B	0	20	0
C	15	0	10

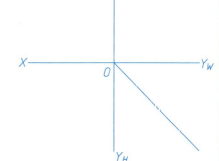

3. 已知点的坐标，作点的三面投影。
（1）A（20，10，20）、B（10，20，20）
（2）C（20，15，15）、D（20，10，15）

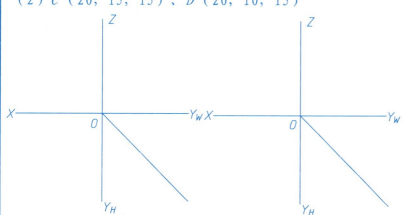

4. 根据点的投影图，分别写出点的坐标及到投影面的距离。

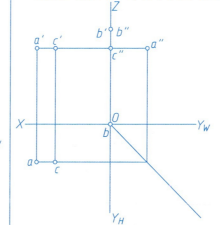

A（　　　）
B（　　　）
C（　　　）

	距H面	距V面	距W面
A			
B			
C			

2.1 点的投影(续)

5. 已知点的两面投影，求作第三投影。

(1)   (2)

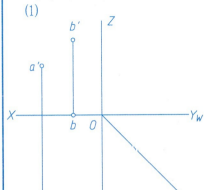
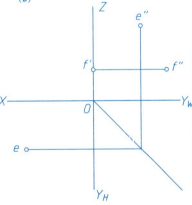

6. 已知点B在点A之左20、之前10、之下15，作出点B的三面投影和直观图。

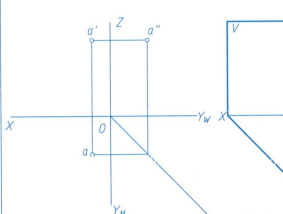

7. 说明B、C两点相对点A的位置（指出左右、前后、上下方向）。

点B在点A的___、___、___

点C在点A的___、___、___

8. 根据点的相对位置作出B、D两点的投影，并判断重影点的可见性。
(1) 点B在点A的正下方12 mm。(2) 点D在点C的正右方15 mm。

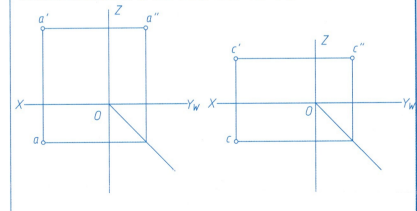

2.2 直线的投影

1. 对照立体图,在投影图中标出直线 AB、CD 的三投影(点的三投影用相应的小写字母标出),并填写它们的名称及其对各投影面的相对位置。

   (1)

   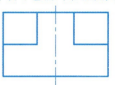

   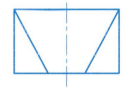
   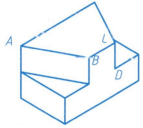

   AB 是 __ 线;
   CD 是 __ 线。
   AB: __V、__H、__W;
   CD: __V、__H、__W。

   (2)

   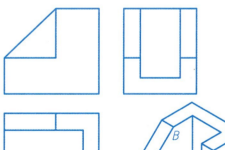
   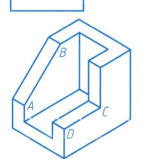

   AB 是 __ 线;
   CD 是 __ 线。
   AB: __V、__H、__W;
   CD: __V、__H、__W。

2. 画出下列直线的第三投影,并判断其与投影面的相对位置。

   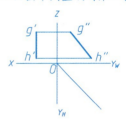
   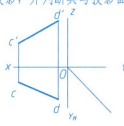
   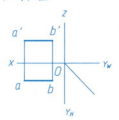

   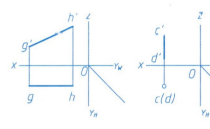
   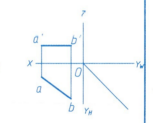

3. 作出直线 AB、CD 的三面投影图。已知条件如下:
   (1) AB 为正平线,AB=15mm,α=30°,有几解,请作出其中之一。
   (2) CD 为铅垂线,CD=15mm,有几解,请作出其中之一。

   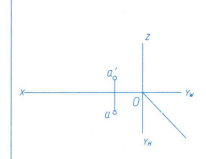
   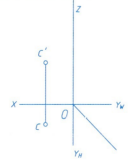

2.3 平面的投影

1. 根据立体图，在下列各投影图上标注指定平面的投影符号。

(1)

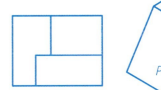

(2)
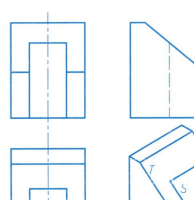

(3)
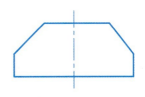

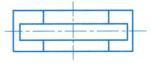
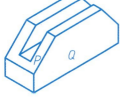

(4)
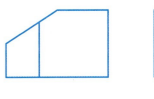

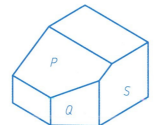

2.3 平面的投影（续）

2. 补全下列各平面的第三投影。

(1)
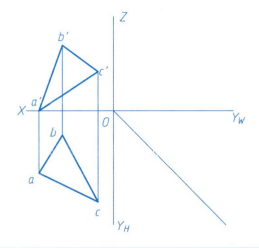

(2)
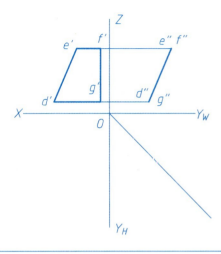

(3)
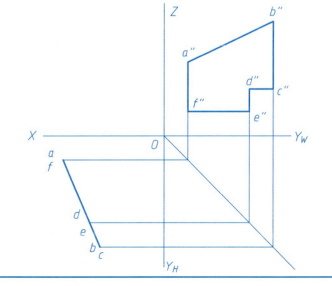

(4)
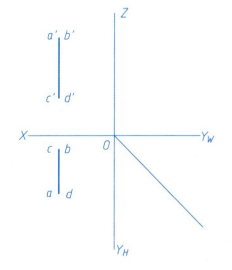

第3章 立体的投影

班级　　　姓名　　　学号

3.1 完成下列截断体的三面投影

1.
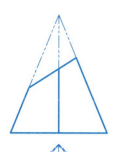

2.
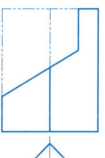

3.
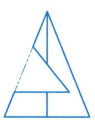

4.
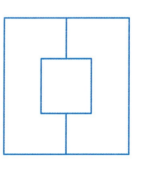

3.1 完成下列截断体的三面投影(续)

5.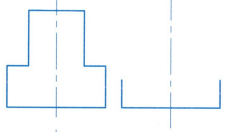

6.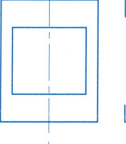
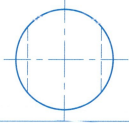

7.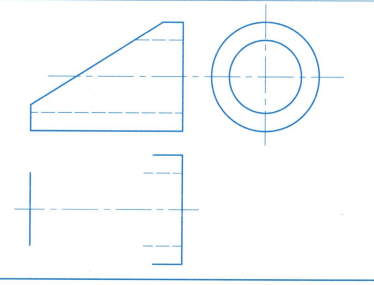

8.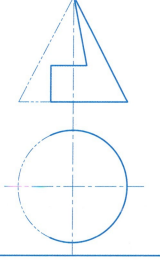

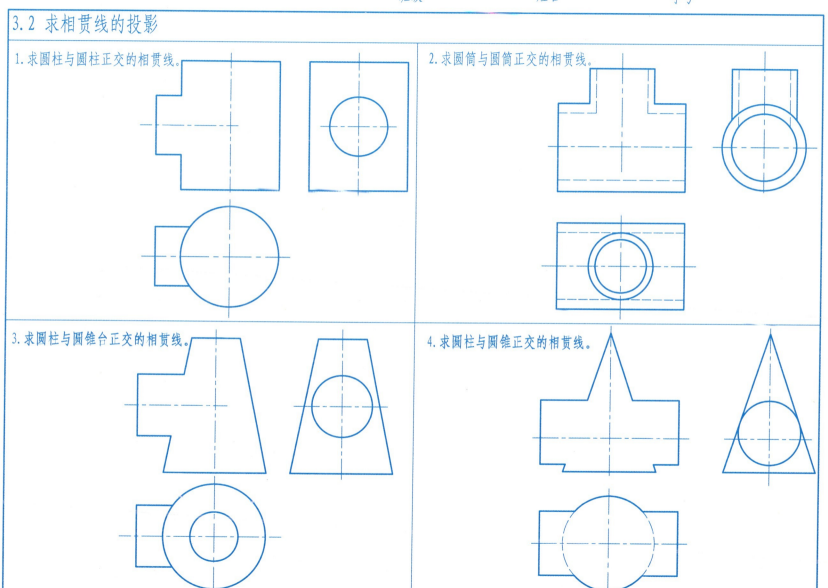

第4章 组合体的视图

班级　　　　姓名　　　　学号

4.1 由轴测图画三视图

1.

2.

3.

4.

4.2 已知组合体的两视图，画第三视图

1.

2.

3.

4.

4.3 已知组合体的俯视图，想象该组合体的形状，并画出其余两视图

1.

2.

3.

4.

班级　　　　　姓名　　　　　学号

4.4 已知组合体的两视图，在图上按1:1比例测量尺寸并取整标注

1.

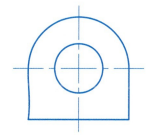

2.

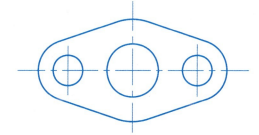

3.

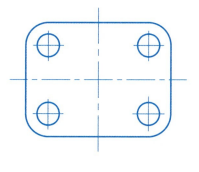

4.

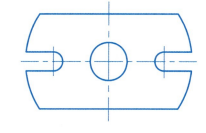

班级　　　　　　姓名　　　　　　学号

4.5 组合体的尺寸标注，在图上按1:1比例量取尺寸并取整数标注

1.

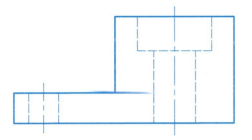

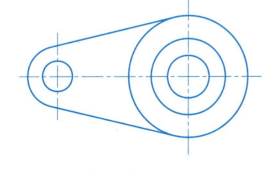

2.

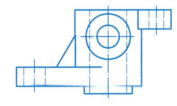 

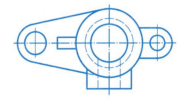

19

4.5 组合体的尺寸标注，在图上按1:1比例量取尺寸并取整数标注 (续)

3.

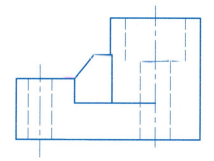

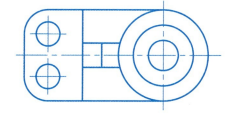

4.

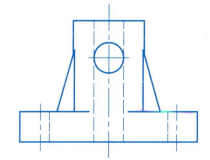

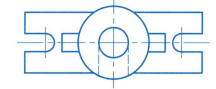

4.6 根据形状的变化，补全视图中所缺的线

1.
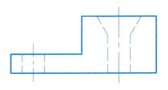
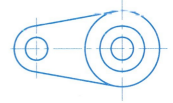

2.
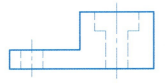
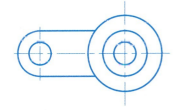

3.
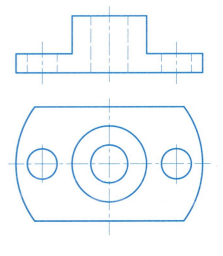

4.
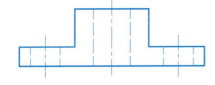
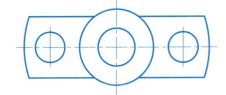

第5章 轴测投影图

班级　　　　姓名　　　　学号

5.1 根据组合体视图，在空白处画出其正等轴测图

1.

2.

5.1 根据组合体视图，在空白处画出其正等轴测图(续)

3.
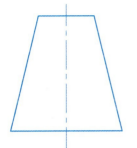
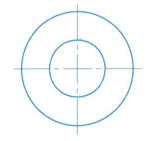

4.
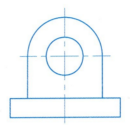
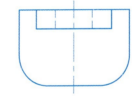

5.2 根据组合体视图，在空白处画出其斜二轴测图

1.

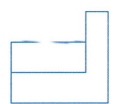 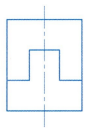

2.

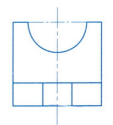

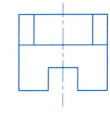

5.2 根据组合体视图，在空白处画出其斜二轴测图（续）

3.

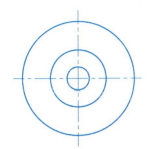

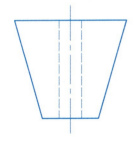

4.

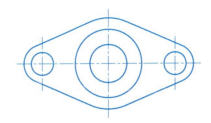

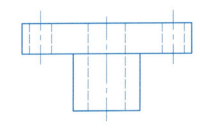

第6章 机件的图样画法

班级　　　　姓名　　　　学号

6.1 基本视图

根据已知的主、俯视图，补画出该机件的另外四个基本视图。

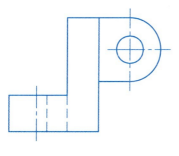

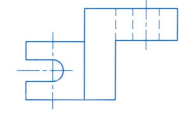

6.2 局部视图和斜视图

1. 画出机件的局部视图A。

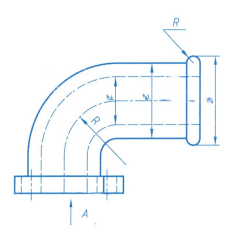

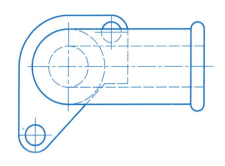

2. 读懂机件形状，作B向斜视图。

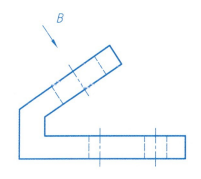

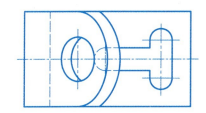

6.3 剖视图

1. 将机件的主视图改为全剖视图。

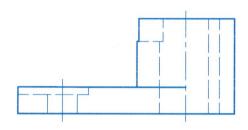

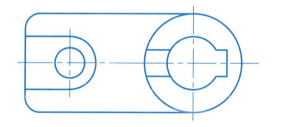

2. 将机件的主视图改为半剖视图。

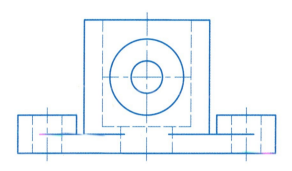

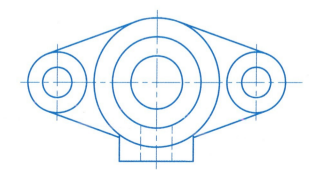

6.3 剖视图(续)

3. 分析下图中的错误，作出正确的剖视图。

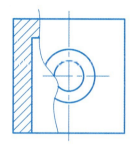

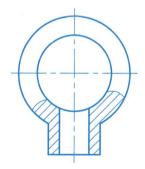

4. 将主视图改为适当的剖视图。

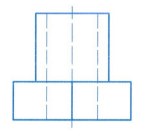

6.3 剖视图(续)

5. 补画下列剖视图中漏画的图线。

(1)

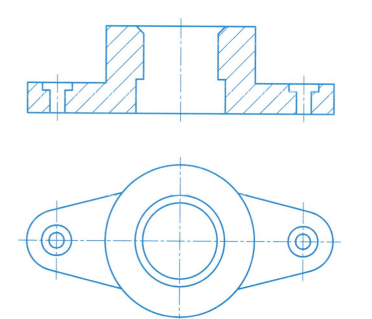

(2)

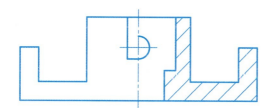

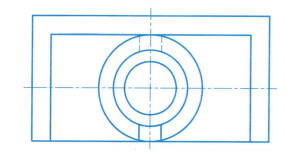

6.3 剖视图(续)

6. 沿指定方向作A—A剖视图。

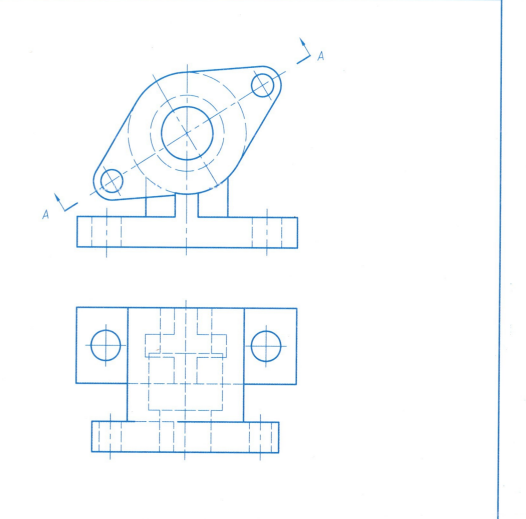

6.3 剖视图(续)

7.用两个相交的平面剖切机件,完成其主视图。

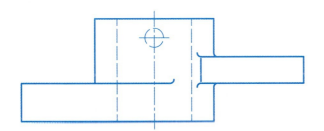

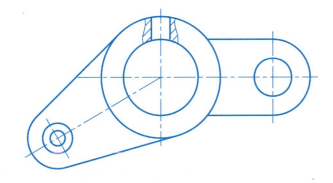

8.用两个平行的平面剖切机件,完成其主视图。

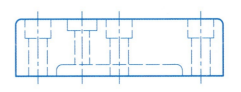

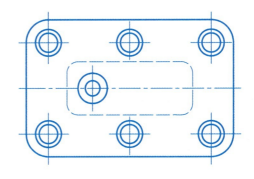

6.4 移出断面图

1. 在相交剖切平面迹线的延长线上作移出断面图。

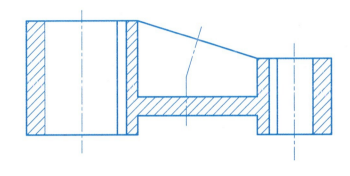

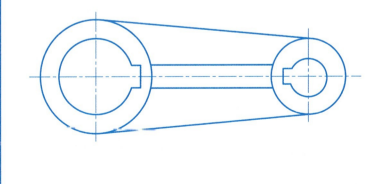

2. 按图中给出的剖切面位置画出移出断面图。

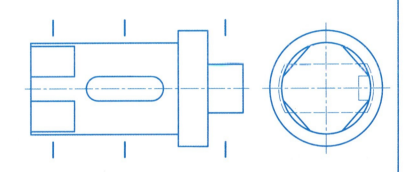

6.5 重合断面图和规定画法

1. 作出肋板的重合断面图。

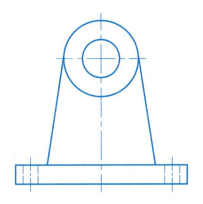

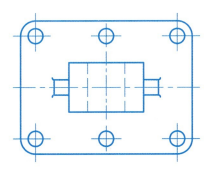

2. 按左边所给的视图，在右边相应位置画出均布结构自动旋转后机件的全剖主视图。

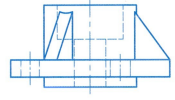

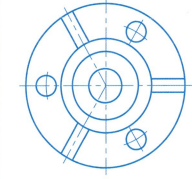

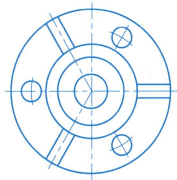

第7章 标准件与常用件

班级　　　　姓名　　　　学号

7.1 螺纹画法

1. 内、外螺纹及螺纹连接的画法。
   (1) 螺杆直径16mm，螺杆长40mm，一端刻有普通螺纹，螺纹长度25mm，螺杆两端倒角C1.5，绘制外螺纹的两视图。

   (2) 在长为45mm，宽25mm，高25mm的铸铁板上，制出普通螺纹孔，大径为16mm，螺纹孔深28mm，钻孔深36mm，绘制该机件的两个视图。

   (3) 将题(1)外螺纹旋入题(2)内螺纹中，旋合长度20mm，绘制螺纹连接的主、左两视图。

7.2 判断螺纹画法的正误

1. 下图中正确的螺纹画法是（　　）。

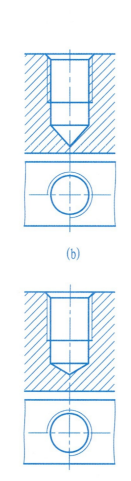

(a)　　　(b)

(c)　　　(d)

2. 下图中螺纹连接画法正确的是（　　）。

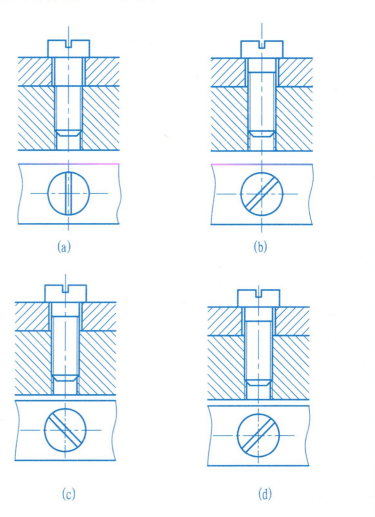

(a)　　　(b)

(c)　　　(d)

7.3 螺纹标记

1. 根据螺纹标记查出表内所要求的内容，并填入表中。

螺纹标记	螺纹种类	公称直径	导程	螺距	线数	旋合长度	公差带代号	旋向
M20-5g6g-s								
M20-6g-s								
M20×1-6H-L-LH								
Tr50×24(P8)-8e-L								
G1/2A								
B32×6-7e								

2. 梯形外螺纹，公称直径16mm，公差带代号7e，导程8mm，线数2，螺纹长度30mm，左旋，倒角C1.6。在图上标出螺纹标记。

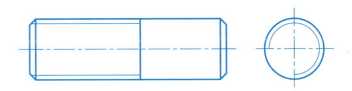

3. 55°非密封管螺纹，尺寸代号1/2，公差等级A，长度30mm，倒角C1.6。在图上标注出螺纹标记。

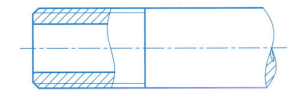

4. 55°密封管螺纹，尺寸代号1/2，长度25mm。在图上标注螺纹标记。

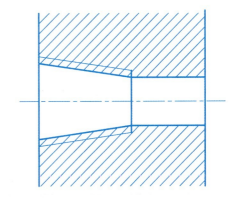

7.4 根据所给图形及尺寸，查表给出螺纹紧固件标记

1. 六角头螺栓

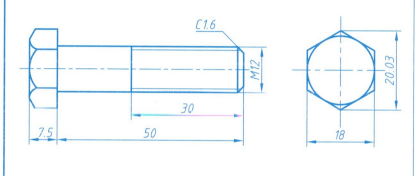

标记：_____

2. 双头螺柱（bm=1d）

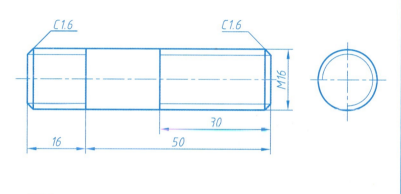

标记：_____

3. 开槽圆柱头螺钉

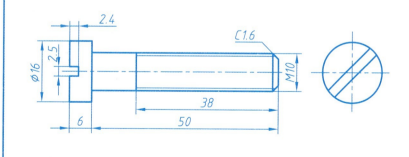

标记：_____

4. 1型六角螺母

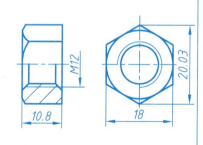

标记：_____

5. 平垫圈

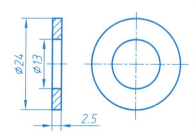

标记：_____

7.5 螺纹紧固件连接的画法（大作业）

螺纹紧固件连接

一、作业内容

用比例画法画螺栓、螺柱、螺钉连接图（从下表中选一组，画图时可参见所给的"螺纹紧固件连接"图）。

组别	螺栓连接		螺柱连接				螺钉连接			
	公称直径/mm	每块板厚/mm	公称直径/mm	盖板厚/mm	机体厚/mm	机体材料	螺钉种类	公称直径/mm	光孔件厚/mm	盲孔件厚/mm	盲孔件材料
1	M8	23	M10	20	38	铸钢	开槽圆柱头	M8	33	50	铸铁
2	M10	23	M12	20	38	铸钢	开槽沉头	M10	42	60	铸铁
3	M16	30	M16	30	60	铸铁	开槽圆柱头	M10	25	30	铸钢
4	M20	42	M20	30	60	铸铁	开槽沉头	M10	23	32	铸钢

二、作业目的

1. 掌握螺栓、螺柱、螺母、垫圈和螺钉的查表、选用方法。
2. 掌握螺纹紧固件连接的比例画法和标记的注法。

三、作业指标

1. 选用适当比例，确定所需图纸幅面。
2. 根据给定数值计算所选用的螺栓、螺柱、螺钉的长度，并查表确定其公称长度。
3. 用选用的螺栓、垫圈和螺母连接两块金属板，画出螺栓连接的主、俯视图。
4. 用选用的双头螺柱、弹簧垫圈、螺母连接盖板和机体，画出螺柱连接的主、俯视图。
5. 用选用的螺钉连接光孔件、螺纹盲孔件，画出螺钉连接的主、俯视图。
6. 注出所选用螺纹紧固件的标记，并填写标题栏。

1. 六角头螺栓连接

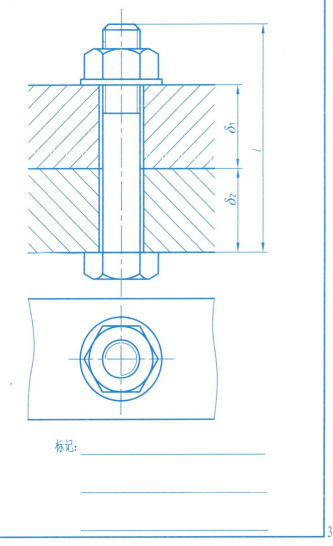

标记：

7.5 螺纹紧固件连接的画法（续）

2. 双头螺柱连接画法和标记。

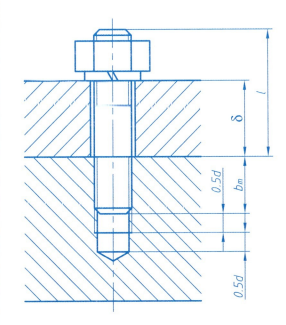

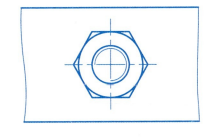

标记：_____

3. 开槽沉头螺钉连接画法和标记。

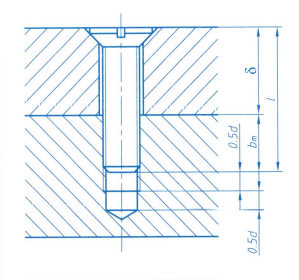

标记：_____

7.6 键、销、轴承

1. 普通型平键（键宽6mm）及其连接。

(1) 查表确定键槽的尺寸，画出轴的断面图 A-A，并注全键槽的尺寸。

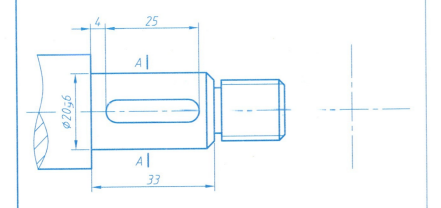

(2) 画出带轮轮毂部分的局部视图，并注全键槽尺寸。

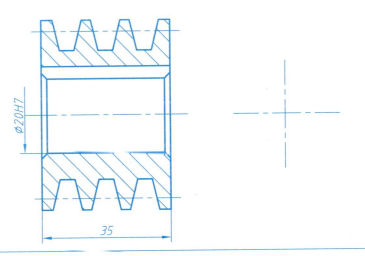

(3) 用普通平键将题（1）、题（2）两图中的轴和带轮连接起来，画出连接的装配图，并写出键的标记。

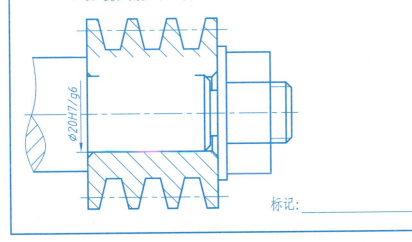

标记：_____

2. 根据所给图形尺寸，查表确定适当的 φ6 圆锥销长度，画出销连接的装配图，并写出销的标记。

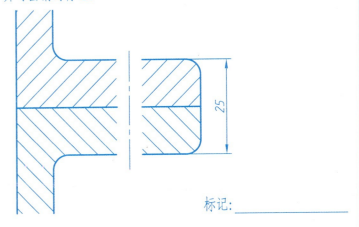

标记：_____

7.6 键、销、轴承（续）

3. 根据所给图形尺寸，查表确定适当的 ϕ10m6 圆柱销长度，画出销连接的装配图，并写出销的标记。

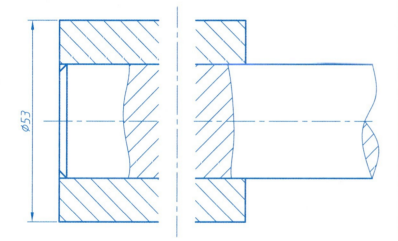

标记：_____

4. 根据给定滚动轴承的标记，查表并用规定画法画出指定的滚动轴承。

滚动轴承 6208 GB/T 276　　　　滚动轴承 30208 GB/T 297

7.7 弹簧、齿轮画法

1. 已知一圆柱螺旋压缩弹簧，支承圈为2.5圈，其标记为YA 6×38×60 GB/T 2089—1994，试画出该弹簧的剖视图，比例1:1。

2. 已知一直齿圆柱齿轮，$m=3$，$Z=23$，试按规定画法画全齿轮的两个视图，并注全尺寸。其中，倒角均为$C1$，比例1:2。

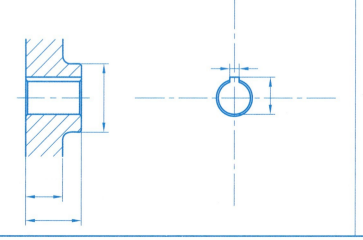

3. 已知一对平板直齿圆柱齿轮啮合，$m=3$，$Z_1=Z_2=14$，两齿轮键槽相同，试按规定画法画全两齿轮啮合的两个视图，比例1:1。

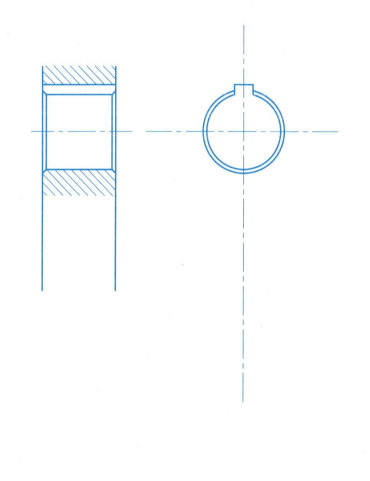

第8章 零件图

班级　　　　姓名　　　　学号

8.1 画零件图

1. 根据轴的轴测图，画零件图。

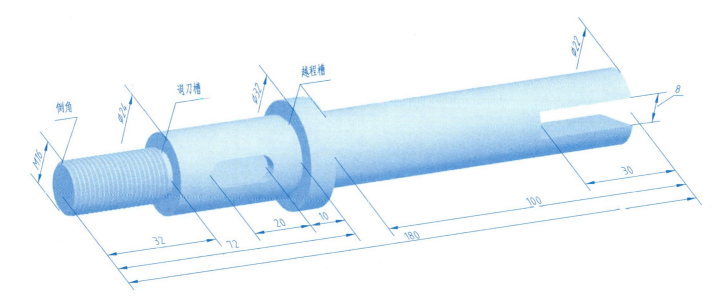

键槽宽8，深4
退刀槽、砂轮越程槽、倒角尺寸查教材附录
名称：轴
材料45

8.1 画零件图（续）

2. 根据踏架轴测图，画零件图（自选比例和图幅）

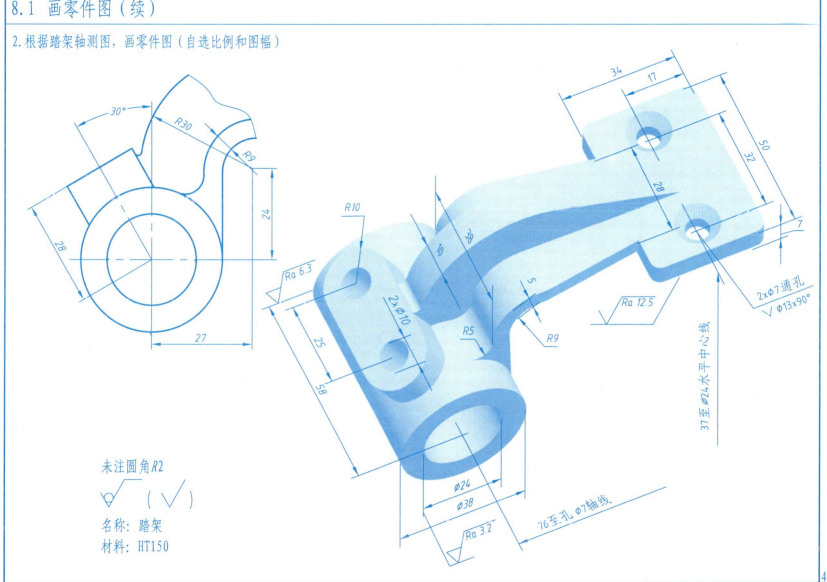

8.2 零件图的技术要求

1. 依据说明标注表面结构要求。

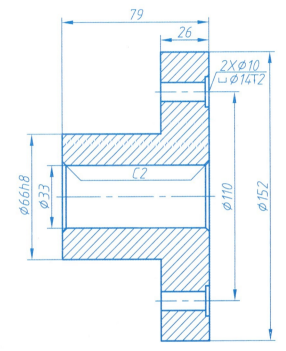

说明：
1. φ66h8孔外表面结构要求为 ∇ Ra 3.2 。
2. 图中两个沉孔内表面结构要求为 ∇ Ra 12.5 。
3. φ33孔内表面结构要求为 ∇ Ra 3.2 。
4. 长度尺寸79和26左端面结构要求为 ∇ Ra 6.3 。
5. 其他外表面均为不加工表面 ∇ (√) 。

2. 根据配合代号，查表在零件图上标注各零件的公称尺寸和上下极限偏差，并指出是哪一类配合。

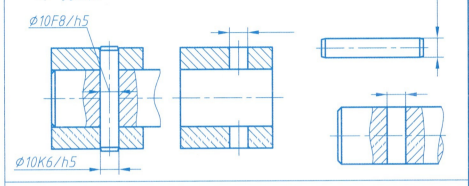

3. 根据轴和孔的偏差值，查表并在装配图上注出其配合代号。

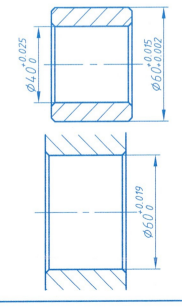
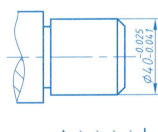
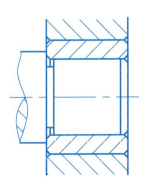

8.3 读零件图

1.读懂主轴零件图并回答问题。

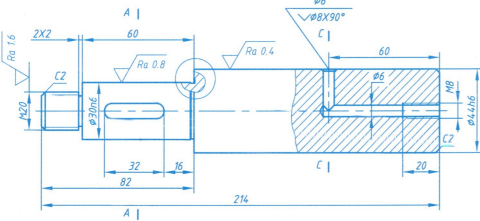

问题:
(1) 在指定位置处画C—C断面图。
(2) 该零件采用了哪些图样画法?主视图采用了
_____,还有_____
_____。
(3) 该零件有_____处螺纹,标记分别为
_____。
(4) 该零件上键槽深度是_____mm。
(5) 该零件哪个表面的表面粗糙度要求最高?
_____,其Ra
值是_____。

技术要求
调质处理T235。
$\sqrt{Ra\ 12.5}\ (\sqrt{\ })$

主轴 比例 1:1

(校名 班级) 45

8.3 读零件图（续）

2.读端盖零件图，回答问题。

问题：
1. 该零件的C面上有_____个沉孔，它们的尺寸是_____。
2. 该零件的尺寸公差都有哪些？它们分别是_____。
3. 在指定位置完成零件的B向视图（外形）。

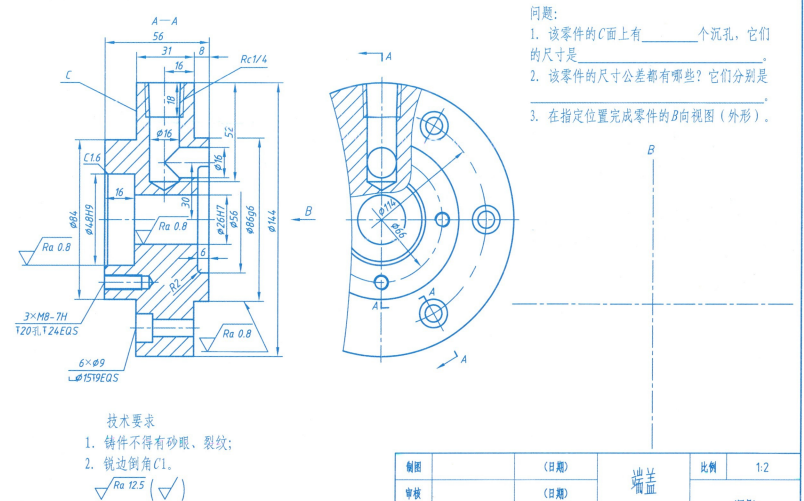

8.3 读零件图（续）

3. 读懂脚架零件图并回答问题。

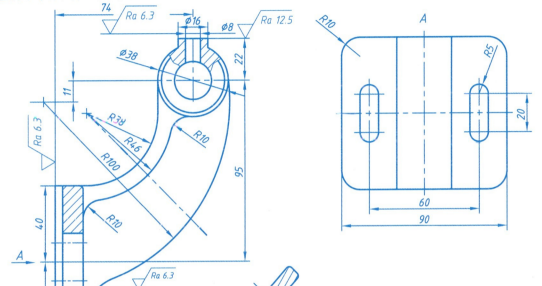

问题：
1. 在图中标注出该零件图在三个方向的尺寸基准；
2. 该零件采用了_____、_____、_____和_____表达方法。
3. 该零件的总体尺寸分别是_____、_____和_____。
4. 图中尺寸φ20H8的含义是_____。

技术要求

1. 未注铸造圆角均为R2；
2. 铸件应时效处理，以消除内应力。

拨叉   比例 1:2

HT150

8.3 读零件图（续）

4. 读懂壳体零件图，回答问题。

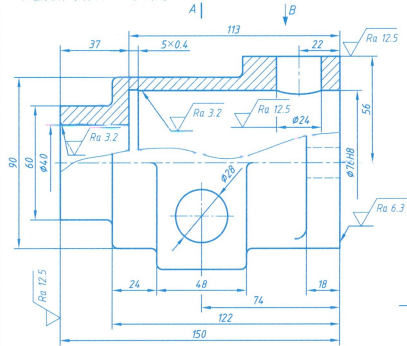

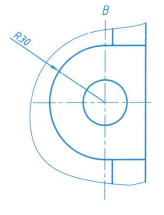

技术要求
1. 未注铸造圆角均为R3；
2. 铸件不得有气孔、砂眼等缺陷；
3. 铸件应时效处理，以消除内应力。

问题：
1. 该零件表面粗糙度的要求有_____，其中粗糙度要求最高的表面的Ra是_____。
2. 孔φ76H8的最大极限尺寸是_____，最小极限尺寸是_____，当该孔的尺寸为φ76.05时，该零件是否合格？
3. 该零件图的比例是放大还是缩小？_____。

制图		（日期）	壳体	比例	1:2
审核		（日期）			
（校名 班级）			HT200	（图号）	

第9章　装配图

班级　　　姓名　　　学号

9.1 根据千斤顶的零件图，绘制其装配图

一、工作原理

　　千斤顶是利用螺旋传动来顶举重物，是汽车修理和机械安装等常用的一种起重或顶压工具，但顶举的高度不能太大。工作时，绞杠穿在螺旋杆顶部的孔中，旋动绞杠，螺旋杆在螺套中靠螺纹做上、下移动，顶垫上的重物靠螺旋杆的上升而顶起。螺套镶在底座里，用螺钉定位，磨损后便于更换修配。在螺旋杆的球面顶部套一个顶垫，靠螺钉与螺旋杆连接而不固定，使顶垫相对螺旋杆旋转而不脱落。

二、题目要求

　　根据给定的螺旋千斤顶的零件图在A3图纸上绘制其装配图，仔细阅读每张零件图，由轴测图或事物弄清所给部件的工作原理及零件间的相互关系，画装配图的步骤和方法参考教材。

明细表

序号	名称	数量	材料	备注
1	顶垫	1	Q275-A	
2	螺钉 M8×12	1	14H级	GB/T 75-1985
3	螺旋杆	1	Q255-A	
4	绞杠	1	Q215-A	
5	螺钉 M10×12	1	14H级	GB/T 73-1985
6	螺套	1	ZCuAl10Fe3	
7	底座	1	HT200	

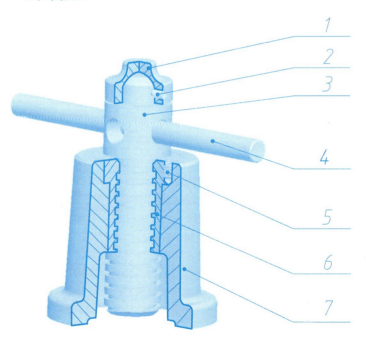

9.1 根据千斤顶的零件图，绘制其装配图(续)

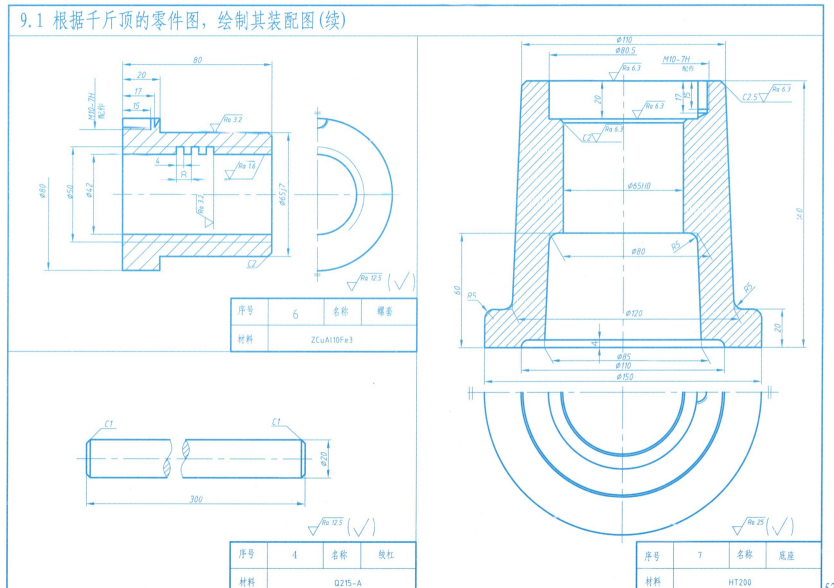

9.1 根据千斤顶的零件图，绘制其装配图(续)

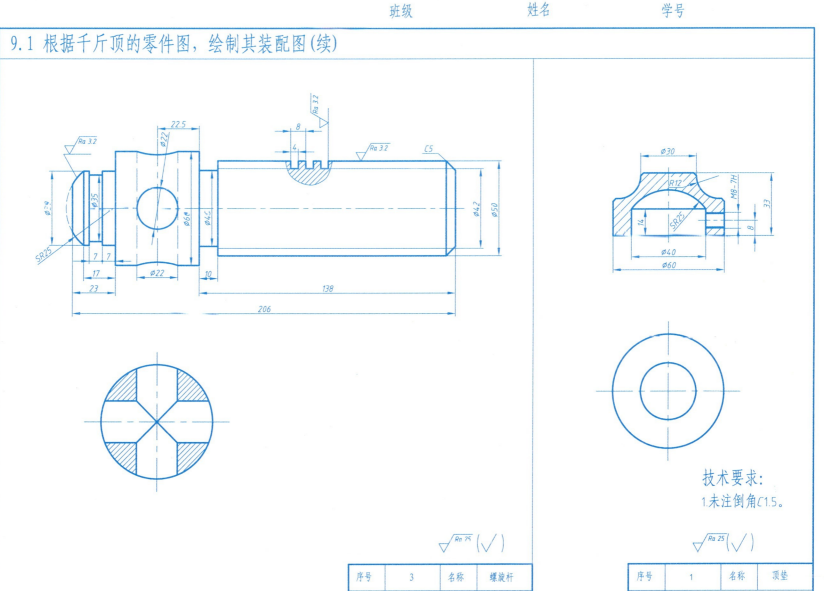

9.2 读装配图，回答问题并拆画零件图

一、工作原理

该球阀是用于石油管路系统中的一个部件，为系列化产品，球阀公称压力 40kg/cm²，适用于腐蚀性石油产品，工作温度 ≤ 200°。

它是由阀体2、阀体接头1、球4和阀杆9等零件组成。阀体2和阀体接头1用四组螺柱6和螺母7连接，在阀体、阀杆、阀体接头中间装有球4和两只密封圈3。球4与密封圈3之间的结合面是 SØ45h11 球面。如图所示，阀门处于开启状态，管路左右相通。将扳手12左右旋转90°，通过阀杆9带动球4也旋转90°，这时阀门关闭，球4中的孔与左右管路不通。用螺纹压环11压紧密封环10和垫圈8，起密封作用。

二、题目问题与要求

1. 图中阀门处于_____状态。
2. 简述拆下阀杆9的步骤。
3. $\varnothing 16 \frac{H11}{d11}$ 属于基_____制_____配合，H表示_____，11表示_____，d表示_____。
4. 拆画阀杆9的零件图（尺寸直接量取并按比例取整算出）。

明细栏

序号	名称	数量	材料	备注
12	扳手	1	Q235-A·F	
11	螺纹压环	1	25	
10	密封环 Ø16	1	聚四氟乙烯PTFE	
9	阀杆 Ø16	1	40	
8	垫圈 Ø16	1	聚四氟乙烯PTFE	
7	螺母 M12-6H	4		
6	螺柱 AM12×25	4		
5	垫片 Ø47	1	L2	
4	球 Ø25	1	40	
3	密封圈 Ø25	2	聚四氟乙烯PTFE	
2	阀体	1	ZG25	
1	阀体接头	1	ZG25	

球阀　　重量　　比例 1:2

9.2 读装配图，回答问题并拆画零件图(续)

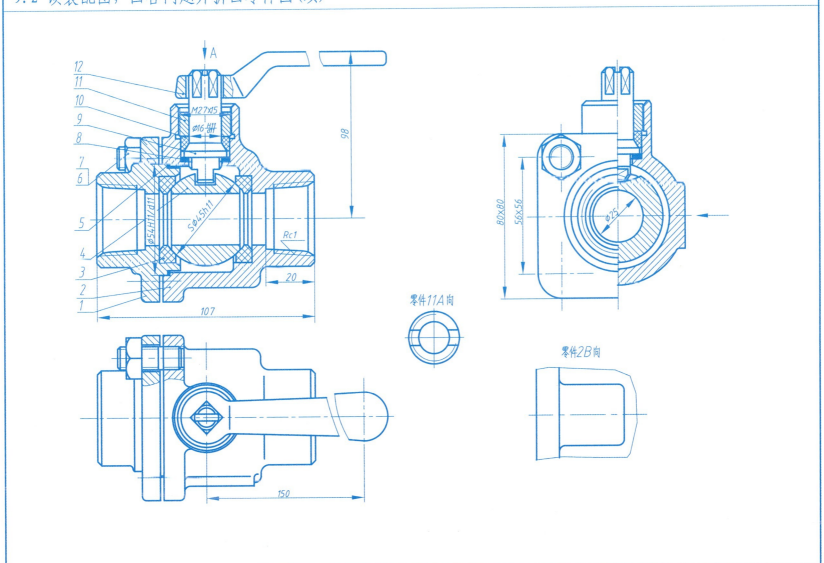

第10章　计算机绘图基础　　　班级　　　姓名　　　学号

10.1　基本绘图及编辑命令操作

按1:1比例绘制以下图形。

(1)

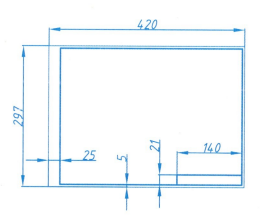

(2)

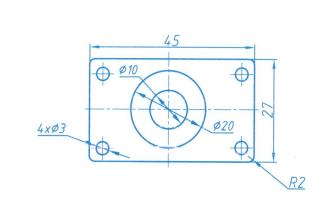

(3)

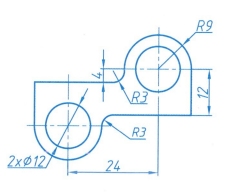

(4)

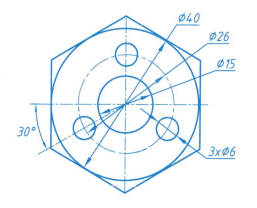

10.2 绘图及编辑命令综合应用

1. 运用基本绘图及编辑命令，按1:1比例绘制以下图形。

(1)

(2)

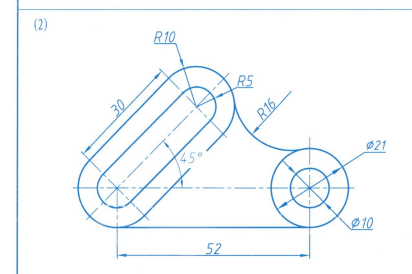

2. 按1:1比例绘制以下图形并标注尺寸。

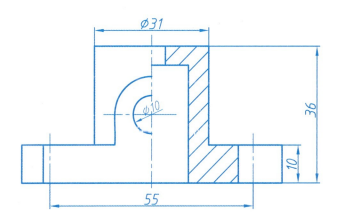

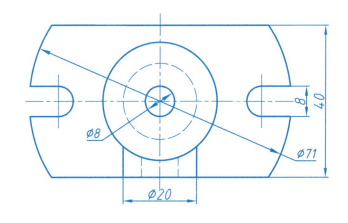

| 班级 | 姓名 | 学号 |

10.3 绘制专业图样及尺寸标注综合练习

(1) 按1:1比例绘制下列图形,并标注尺寸。

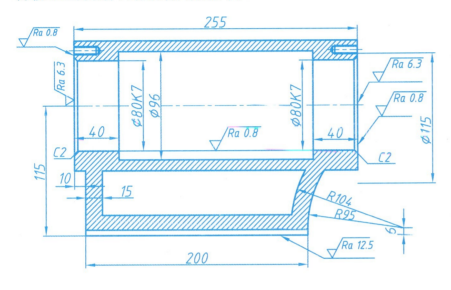

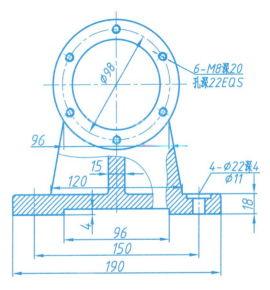

技术要求

未注铸造圆角均为R3。

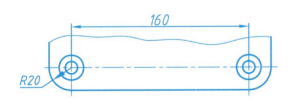

名称	座体	图号	6-02-08
数量	1	材料	HT200

10.3 绘制专业图样及尺寸标注综合练习（续）

(2) 按1：1比例绘制下列图形，并标注尺寸。

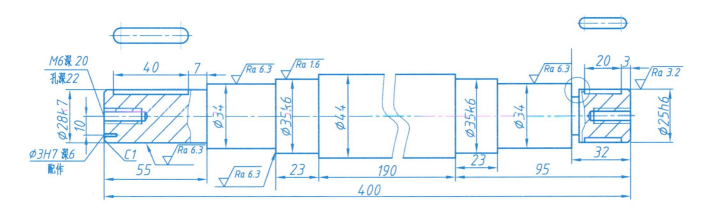

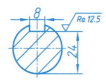

比例 2:1

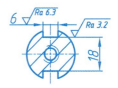

技术要求

1. 调制处理220-250HBS。
2. 锐边倒角。

名称	轴	图号	6-02-07
数量	1	材料	45